1판 1쇄 발행	2020년 2월 10일
지은이	미원x이밥차
펴낸이	김선숙, 이돈희
펴낸곳	주식회사 이밥차(그리고책)
주소	서울시 서대문구 연희로 192(연희동 76-22, 이밥차빌딩)
대표전화	02-717-5486
팩스	02-717-5427
홈페이지	www.andbooks.co.kr
출판등록	2003.4.4. 제10-2621호
본부장	이정순
편집 책임	박은식
편집 진행	김은진, 양승은
영업	이교준
마케팅	장지선
경영지원	문석현
포토 디렉터	양성모
푸드 스타일링	김미은
교열	김혜정
디자인	강승연
소품협찬	수연가구 @sooyeongagu
	코렐 (www.corellebrands.co.kr/ 02-2670-7800)

미원식당

파트 1
혼밥 식탁

미원식당

미원식당

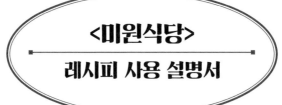

<미원식당>
레시피 사용 설명서

재료 준비

메뉴를 만들 때 필요한 재료예요. 필수 재료는
요리에 꼭 필요한 핵심 재료이니 빠짐없이 준비해
주세요. 선택 재료는 비슷한 재료로 대체 하거나
생략 가능해요. 입맛에 따라 준비해 주세요.

소스 및 드레싱

음식을 만들기 전에 미리 섞어
놓으면 좋은 양념이에요. 미리
섞어두면 숙성과정을 거쳐 맛이
더 깊어져요.

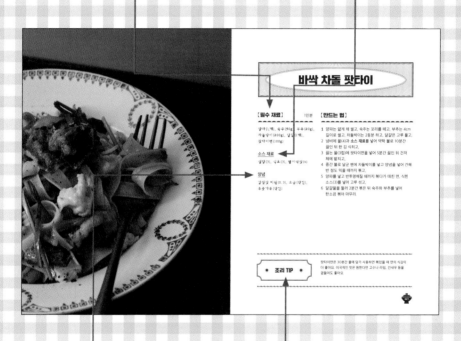

바싹 차돌 팟타이

【 필수 재료 】   1인분   【 만드는 법 】

양파(1), 숙주(50g), 부추(30g),   1 양파는 얇게 채 썰고, 숙주는 꼬리를 떼고, 부추는 4cm
차돌양지(200g), 알걀(1개),   길이로 썰고, 차돌베이는 2등분 하고, 달걀은 고루 풀고,
팟타이면(100g)   2 냄비에 물(4)과 소스 재료를 넣어 약불 불로 10분간
                                 끓인 뒤 한 김 식히고,
소스 재료   3 끓는 물(3컵)에 팟타이면을 넣어 5분간 끓인 뒤 건져
설탕(3), 식초(3), 별 시액젓(3)   체에 받치고,
                              4 중간 불로 달군 팬에 차돌베이를 넣고 양념을 넣어 간색
양념   반 정도 익을 때까지 볶고,
갈설갓 지럼(0. 3), 소금 (양깁),   5 양파를 넣고 반투명해질 때까지 볶다가 대친 면, 식힌
후춧가루(양깁)   소스(3)를 넣어 고루 섞고,
                              6 달걀물을 둘러 2분간 볶은 뒤 숙주와 부추를 넣어
                                 한소끔 볶아 마무리.

┌─────────────────┐
│ ✳ 조리 TIP ✳ │   팟타이면은 30분간 물에 담가 사용하면 볶았을 때 면의 식감이
└─────────────────┘   더 좋아요. 이국적인 맛을 원한다면 고수나 라임, 건새우 등을
                              곁들어도 좋아요.

양념 및 밑간

해당 메뉴에 맛을 내기
위해서 쓰이는 재료를
말해요.

조리 TIP

조리 시 알아두면 요리가 더 편해지는 유용한 정보와
완성된 요리를 더 맛있게 먹을 수 있는 팁을 알려드려요.

밥숟가락으로 쉽게 계량하기

가루 분량 재기

설탕(1) 숟가락으로 수북이 떠서 위로 볼록하게 올라오도록 담아요.

설탕(0.5) 숟가락의 절반 정도만 볼록하게 담아요.

설탕(0.3) 숟가락의 ⅓정도만 볼록하게 담아요.

미원(0.3) 숟가락의 ⅓정도만 납작하게 담아요.

다진 재료 분량 재기

다진 마늘(1) 숟가락으로 수북이 떠서 꼭꼭 담아요.

다진 마늘(0.5) 숟가락의 절반 정도만 꼭꼭 담아요.

다진 마늘(0.3) 숟가락의 ⅓정도만 꼭꼭 담아요.

밥숟가락으로 쉽게 계량하기

장류 분량 재기

고추장(1) 숟가락으로 가득 떠서 위로 볼록하게 올라오도록 담아요.

고추장(0.5) 숟가락의 절반 정도만 볼록하게 담아요.

고추장(0.3) 숟가락의 ⅓정도만 볼록하게 담아요.

액체 분량 재기

간장(1) 숟가락 한가득 찰랑거리게 담아요.

간장(0.5) 숟가락의 가장자리가 보이도록 절반 정도만 담아요.

간장(0.3) 숟가락의 ⅓정도만 담아요.

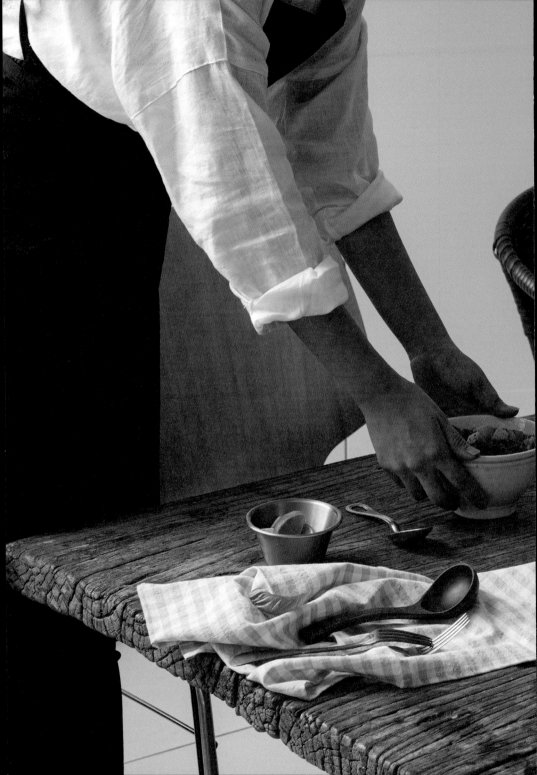

파트
1

혼자 식사를 합니다

혼밥 식탁

달걀 버터 볶음밥

【필수 재료】 1인분

양파(½개), 당근(¼개), 달걀(2개),
밥(1공기)

선택 재료

브로콜리(⅙개)

양념

감칠맛 미원(0.3), 간장(0.3),
소금(약간), 후춧가루(약간)

【만드는 법】

1 양파, 당근, 브로콜리는 굵게 다지고,

2 달걀은 곱게 풀어 감칠맛 미원(0.3)을 넣어 섞고,

3 중간 불로 달군 팬에 식용유(3)를 두른 뒤
　손질한 채소를 넣어 양파가 반투명해질 때까지 볶고,

4 밥을 넣어 간장(0.3), 소금, 후춧가루로 간하고,

5 밥을 팬 가장자리로 밀고 식용유(1)를 두른 뒤
　달걀물을 붓고,

6 젓가락으로 휘저어 스크램블하고 밥과 재빨리 섞어
　마무리.

조리 TIP

달걀을 오래 볶으면 단단해지니 덩어리가 생기기 시작하면 불을
끄고 잔열로 익혀요. 부드러운 달걀 스크램블을 원한다면 달걀물에
우유(2)를 섞어주세요. 손질한 채소의 수분이 없어질 때까지 볶은
뒤 밥을 넣어야 볶음밥이 뭉치지 않아요.

어묵칩 우동

【필수 재료】 1인분

사각 어묵(1장), 가다랑어포(1줌),
우동면(1줌=100g)

양념

감칠맛 미원(0.3), 소금(약간),
후춧가루(약간)

【만드는 법】

1 어묵은 길게 채 썰고,

2 전자레인지에 채 썬 어묵을 넣고 2분간 돌린 뒤 뒤집어
   2분간 다시 돌리고,

3 따뜻한 물(3컵)에 가다랑어포를 넣어 10분간 우린 뒤
   체에 거르고,

4 우린 육수는 냄비에 넣어 센 불에 올려 끓어오르면
   우동면을 3분간 끓이고,

5 **양념**으로 간하고,

6 우동면과 국물을 그릇에 담은 뒤 어묵칩을 올려 마무리.

◈ **조리 TIP** ◈

어묵을 전자레인지에 돌릴 때에는 내열 접시에 펼쳐 올린 뒤
조리해야 타지 않고 고루 익어요. 만들어 놓은 어묵칩은 지퍼백에
담아 1주일간 냉장 보관할 수 있어요. 어묵국을 끓일 때 응용하거나
각종 요리에 토핑으로 올려도 좋아요.

양파토마토 수프

【필수 재료】   1인분

양파(½개), 토마토(1개),
베이컨(50g)

선택 재료

파슬리가루(약간)

양념

버터(1), 다진 마늘(1), 감칠맛
미원(0.3), 소금(약간),
후춧가루(약간)

【만드는 법】

1 양파는 얇게 채 썰고, 토마토는 잘게 썰고, 베이컨은
   3등분하고,

2 중간 불로 달군 냄비에 버터(1), 식용유(1)를 두른 뒤
   다진 마늘(1)과 양파를 넣어 반투명해질 때까지 볶고,

3 베이컨을 넣어 볶다가 토마토를 넣어 3분간 볶고,

4 토마토가 부드럽게 뭉개지면 물(2컵)을 넣어
   걸쭉해질 때까지 끓이고,

5 감칠맛 미원(0.3), 소금, 후춧가루를 넣어 간하고,

6 파슬리가루를 뿌려 마무리.

조리 TIP

부드러운 수프를 원한다면 토마토 꼭지를 제거하고 아래에 열십자로
칼집을 넣어 끓는 물에 데친 뒤 껍질을 벗겨 사용해요. 먹기 직전
올리브유나 부순 나초를 뿌리고 허브를 잘게 다져 넣어도 좋아요.
매콤한 맛을 즐기고 싶다면 핫소스나 페페론치노를 곁들여요.

훈제연어 유부초밥

【 필수 재료 】 1인분

양파(½개), 훈제연어(100g),
밥(1공기), 유부(4장)

선택 재료

쪽파(2대)

배합초

소금(1)+설탕(1.5)+식초(2)

양념

감칠맛 미원(0.3), 레몬즙(4),
마요네즈(4), 고추냉이(1), 꿀(1)

【 만드는 법 】

1 양파는 잘게 다지고, 훈제연어는 작게 썰고,
   쪽파는 송송 썰고,

2 밥에 **배합초**를 넣어 고루 버무리고,

3 볼에 양파, 훈제연어, **양념**을 넣어 고루 버무리고,

4 끓는 물(3컵)에 유부를 살짝 데쳐 물기를 가볍게 짠 뒤
   배합초에 버무린 밥을 ⅔ 정도 채우고,

5 양념한 훈제연어를 얹은 뒤 송송 썬 쪽파를 올려 마무리.

◈ 조리 TIP ◈

배합초의 설탕과 소금의 결정이 고루 녹지 않으면 밥에 간이
균일하게 안 될 수 있으니 충분히 섞은 뒤 사용하거나 전자레인지에
30초간 돌려주세요. 양파의 매운맛이 강할 경우 물에 10분간 담가
매운맛을 뺀 뒤 사용해요.

김치 등갈비 스튜

〔필수 재료〕 1인분

등갈비 (150g), 김치 (¼포기),
토마토 (1개), 감자 (½개),
당근 (¼개)

선택 재료

월계수잎 (2장), 파슬리가루 (약간)

양념

된장 (1), 소금 (0.3),
후춧가루 (약간), 버터 (1),
감칠맛 미원 (0.3)

〔만드는 법〕

1 등갈비는 기름막을 떼어낸 뒤 뼈와 뼈 사이를 잘라
   찬물에 2시간 동안 담가 핏물을 빼고,

2 냄비에 등갈비, 된장(1), 물(2컵)을 넣어 중간 불로
   15분간 끓여 건지고,

3 김치는 한입 크기로 썰고, 토마토는 잘게 썰고,
   감자, 당근은 깍둑 썰고,

4 등갈비는 소금(0.3), 후춧가루를 넣어 10분간 재우고,

5 중간 불로 달군 냄비에 버터(1)를 둘러 김치, 토마토,
   감자, 당근을 넣어 3분간 볶고,

6 물(4컵), 월계수잎, 등갈비를 넣어 7분간 팔팔 끓이고,

7 감칠맛 미원(0.3)으로 간하고 파슬리가루를 뿌려
   마무리.

◆ 조리 TIP ◆

등갈비를 데쳐서 사용하면 기름기와 잡냄새를 제거할 수 있어요.
데친 육수는 버리지 말고 보관해 두었다가 국을 끓일 때 사용하면
좋아요. 김치가 신맛이 강할 경우 설탕(1)을 넣으면 신맛을 잡을 수
있어요.

바싹 차돌 팟타이

【 필수 재료 】 1인분

양파(¼개), 숙주(50g), 부추(20g),
차돌박이(200g), 달걀(1개),
팟타이면(100g)

소스 재료

설탕(3), 식초(3), 멸치액젓(4)

양념

감칠맛 미원(0.3), 소금(약간),
후춧가루(약간)

【 만드는 법 】

1 양파는 얇게 채 썰고, 숙주는 꼬리를 떼고, 부추는 4cm
  길이로 썰고, 차돌박이는 2등분하고, 달걀은 고루 풀고,

2 냄비에 물(4)과 **소스 재료**를 넣어 약한 불로 10분간
  끓인 뒤 한 김 식히고,

3 끓는 물(3컵)에 팟타이면을 넣어 5분간 익힌 뒤 건져
  체에 밭치고,

4 중간 불로 달군 팬에 차돌박이를 넣고 **양념**으로 간해
  반 정도 익을 때까지 볶고,

5 양파를 넣고 반투명해질 때까지 볶다가 데친 면,
  식힌 소스(3)를 넣어 고루 섞고,

6 달걀물을 둘러 2분간 볶은 뒤 숙주와 부추를 넣고
  한 번 더 볶아 마무리.

◈ 조리 TIP ◈

팟타이면은 30분간 물에 담가 사용하면 볶았을 때 식감이
더 좋아요. 이국적인 맛을 원한다면 고수나 라임, 건새우 등을
곁들여도 좋아요.

짬뽕 비빔밥

【 필수 재료 】 1인분

대파(10cm), 양파(½개),
당근(¼개), 손질 오징어(½마리),
밥(1공기)

선택 재료

참깨(약간)

양념

감칠맛 미원(0.3), 고춧가루(1.5),
굴소스(1), 후춧가루(약간)

【 만드는 법 】

1 대파, 양파, 당근은 굵게 채 썰고,

2 오징어는 물로 헹군 뒤 한입 크기로 썰고,

3 센 불로 달군 팬에 식용유(2)를 두르고 대파와 양파를
   넣어 태우듯이 볶고,

4 오징어와 당근을 넣어 1분간 더 볶고,

5 양념, 물(1컵)을 넣어 물기가 없어질 때까지 3분간
   조리고,

6 밥을 넣어 비비고 참깨를 뿌려 마무리.

◈ 조리 TIP ◈

내장을 손질한 오징어는 키친타월 또는 굵은 소금으로 문질러
껍질을 벗긴 뒤 한입 크기로 썰어요. 오징어는 결의 반대 방향인
세로로 썰어야 식감이 부드러워져요. 오징어를 볶을 때 기호에 따라
새우나 조갯살을 넣어도 맛있어요.

돼지고기탑동

【 필수 재료 】 1인분

돼지고기 (삼겹살 200g),
쪽파 (3대), 대파 (10cm), 밥 (1공기)

선택 재료

달걀노른자 (1개), 참깨 (약간)

양념장

감칠맛 미원 (0.3) + 설탕 (2) +
물 (2) + 맛술 (1) + 간장 (2)

【 만드는 법 】

1 돼지고기는 6cm 길이로 썰고, 쪽파와 대파는 송송 썰고,

2 **양념장**을 만들고,

3 중간 불로 달군 팬에 식용유(1)를 두르고 돼지고기를
   넣어 반 정도 익을 때까지 굽고,

4 양념장을 넣어 3~4분간 조리고,

5 그릇에 밥을 담은 뒤 조린 돼지고기를 올리고,

6 달걀노른자와 송송 썬 파, 참깨를 올려 마무리.

◆ 조리 TIP ◆

삼겹살을 구울 때 핏물이 올라오면 딱 1번만 뒤집어 구워야
맛있게 구워져요. 고기를 구울 때는 기름이 튈 수 있으니 뚜껑이나
유산지를 덮어주면 좋아요. 고기를 조릴 때 국물이 1숟가락 정도
남을 때까지 조리면 간이 적당해요.

달걀장 아보카도 비빔밥

【필수 재료】 1인분

달걀노른자(3개),
적양파(¼개), 아보카도(1개),
밥(1공기)

절임장 재료

감칠맛 미원(0.3), 설탕(2),
맛술(2), 청주(2), 간장(⅔컵)

양념

감칠맛 미원(0.3), 소금(약간),
설탕(2), 식초(3)

【만드는 법】

1 냄비에 물(2컵), **절임장 재료**를 넣어 기포가 올라올 만큼만 센 불로 끓이고,

2 한 김 식힌 절임장에 달걀노른자를 넣어 냉장실에서 5시간 숙성하고,

3 적양파는 얇게 채 썰고, 아보카도는 씨와 껍질을 제거해 납작하게 썰고,

4 채 썬 적양파는 **양념**에 10분간 절인 뒤 체에 밭쳐 물기를 제거하고,

5 그릇에 밥을 담은 뒤 손질한 아보카도와 절인 적양파를 올리고,

6 숙성한 달걀장을 올려 마무리.

조리 TIP

아보카도는 칼끝으로 씨를 찍은 뒤 좌우로 비틀면 과육에서 쉽게 분리할 수 있어요. 만든 달걀장은 3~4일간 냉장 보관이 가능해요. 달걀노른자는 달걀을 깨 손가락 위에 올린 뒤 살짝 벌려 흔들면 흰자만 흘러내려 쉽게 분리할 수 있어요.

팥빙콩국수

〔필수 재료〕　1인분

두부(100g), 우유(1컵), 캐슈넛(4),
소면(100g), 팥빙수 팥(1컵)

선택 재료

인절미(50g), 아몬드 슬라이스(2),
피스타치오(1)

양념

감칠맛 미원(0.3), 소금(0.2),
땅콩버터(2), 연유(1)

〔만드는 법〕

1 믹서에 두부, 우유, 캐슈넛(4), 감칠맛 미원(0.3),
　소금(0.2), 땅콩버터(2)를 넣어 곱게 갈고,

2 곱게 간 콩물은 냉장실에서 1시간 동안 차갑게 보관하고,

3 인절미는 한입 크기로 썰고,

4 끓는 물(3컵)에 소면을 넣어 7분간 삶아 찬물에 헹군 뒤
　물기를 제거하고,

5 그릇에 소면을 담고 차갑게 식힌 콩물을 부은 뒤
　연유(1)를 뿌리고,

6 팥빙수 팥, 인절미, 아몬드 슬라이스, 피스타치오를 올려
　마무리.

◈ 조리 TIP ◈

콩물이 진하다면 콩물을 절반만 붓고 우유를 추가로 부어서
사용해도 좋아요. 소면을 삶을 때 물이 끓어오르면 찬물(1컵)을
붓는 과정을 두 번 반복하고 중간중간 면발을 젓가락으로 들어
올리며 익히면 면발이 탱탱해져요.

메밀소바(+김마끼)

【 필수 재료 】
1인분

밥(½공기), 파프리카(빨강, 노랑
¼개씩), 맛살(2개), 김(1장),
무순(10g), 메밀국수(100g)

선택 재료

깻잎(4장), 쪽파(2대), 무(20g)

배합초

소금(0.5)+설탕(0.7)+식초(1)

쯔유 양념

감칠맛 미원(0.3), 설탕(¼컵),
간장(½컵), 맛술(⅓컵)

【 만드는 법 】

1 밥은 **배합초**에 비벼 한 김 식히고,

2 파프리카와 맛살은 채 썰고, 김은 4등분하고,

3 4등분한 김에 밥과 깻잎, 파프리카, 맛살, 무순을 올려
   돌돌 말고,

4 냄비에 **쯔유 양념**을 넣고 약한 불에 올려 끓어오르면
   5분간 더 끓이고,

5 물(2컵)과 섞어 냉장실에 넣어 차게 식히고,

6 쪽파는 송송 썰고, 무는 곱게 갈아서 물기를 꼭 짜고,

7 끓는 물(3컵)에 메밀국수를 5분간 삶아 건진 뒤
   찬물에 비벼 헹궈 물기를 빼고,

8 그릇에 국수와 고명을 올리고 차게 식힌 국물을 부어
   김마끼를 곁들여 마무리.

◈ 조리 TIP ◈

여름에는 육수를 냉동실에 넣고 2시간 이상 얼려두어 살얼음
상태가 되었을 때 먹으면 좋아요. 김마끼에 밥을 올릴 때 양이
많거나 뜨거우면 잘 말아지지 않고 눅눅해지니 식은 후 1~2순가락
정도만 올려 말아주세요.

해물 짜장덮밥

【필수 재료】   1인분

양파(½개), 애호박(⅓개),
대파(10cm), 모둠해물(50g),
밥(1공기)

양념

춘장(2), 감칠맛 미원(0.3),
설탕(0.5), 간장(1),
후춧가루(약간)

전분물

전분(1)+물(2)

【만드는 법】

1   양파와 애호박은 한입 크기로 썰고, 대파는 송송 썰고,
     모둠해물은 씻어 물기를 빼고,

2   중약 불로 달군 팬에 식용유(2)를 둘러 대파를 넣고
     향이 날 때까지 볶고,

3   양파와 애호박을 넣고 1분간 볶다가 춘장(2)을 넣어
     30초간 더 볶아 물(1½컵)을 붓고,

4   끓어오르면 춘장을 제외한 **양념**으로 간한 뒤 **전분물**을
     둘러 해물짜장소스를 만들고,

5   그릇에 밥을 담고 해물짜장소스를 올려 마무리.

◆ 조리 TIP ◆

전분물을 넣고 재빠르게 섞지 않으면 녹말이 익으면서 서로 뭉쳐
덩어리질 수 있으니 빠르게 섞어주세요. 밥 대신 생면, 우동면 등을
삶아 곁들여도 좋아요. 해물은 소금물(소금1+물2컵)에 넣고 흔들어
씻으면 불순물을 보다 깨끗하게 제거할 수 있어요.

채개장 칼국수 (채식육개장)

〔 필수 재료 〕 1인분

삶은 토란대(80g),
삶은 고사리(80g),
느타리버섯(30g), 대파(25cm),
숙주(80g), 칼국수면(100g)

양념장

감칠맛 미원(0.3)+고춧가루(2)+
다진 마늘(1)+된장(0.5)+
국간장(2)+후춧가루(약간)

〔 만드는 법 〕

1 삶은 토란대와 고사리, 느타리버섯은 먹기 좋게 썰고,
   대파(20cm)는 길게 2등분해 5cm 길이로 썰고,
   나머지 대파는 송송 썰고,

2 손질한 토란대, 고사리, 대파는 **양념장**에 버무리고,

3 냄비에 양념한 재료와 물(3컵)을 넣어 중간 불로 10분간
   끓이고,

4 느타리버섯, 숙주, 칼국수면을 넣고 5분간 끓이고,

5 송송 썬 대파를 올려 마무리.

◈ 조리 TIP ◈

레시피에서 칼국수면을 빼면 밥과 함께 먹어도 좋은 채식육개장이
돼요. 남으면 식힌 뒤 지퍼백에 담아 바로 냉동 보관해요.
칼국수면에 묻은 가루를 털어내고 끓여야 뭉치는 것을 방지할 수
있어요.

상추쌈 주먹밥

【 필수 재료 】 1인분

상추(8장), 밥(1공기)

선택 재료

검은깨(약간)

된장양념장

감칠맛 미원(0.3)+설탕(0.5)+
맛술(1)+된장(1)+후춧가루(약간)

양념

소금(0.3), 참기름(0.5)

【 만드는 법 】

1 상추는 깨끗이 씻어 밑동을 자르고,

2 **된장양념장**을 만들고,

3 밥에 **양념**을 넣어 고루 버무리고,

4 양념한 밥은 동그랗게 한입 크기로 만들고,

5 상추 위에 올리고 양념장을 얹어 검은깨를 뿌려 마무리.

◆ 조리 TIP ◆

상추는 식촛물(식초1+물2컵)에 5분 정도 담가두면 더욱 깨끗하게
세척할 수 있어요. 상추가 남았을 경우 밑동이 아래로 향하도록
지퍼백에 넣고 냉장실에 세워 두면 2주간 보관이 가능해요.

투움바 파스타

【필수 재료】 1인분

마늘(3쪽), 양파(½개),
베이컨(3줄), 페투치네(100g)
생크림(1컵), 우유(½컵)

선택 재료

양송이버섯(1개),
파슬리가루(약간)

양념

소금(0.5), 감칠맛 미원(0.3),
후춧가루(약간), 고춧가루(0.5)

【만드는 법】

1 마늘은 얇게 납작 썰고, 양파는 채 썰고,
  양송이버섯은 모양대로 썰고, 베이컨은 3등분하고,

2 끓는 소금물(물3컵+소금0.5)에 페투치네를 7분간 삶아
  건지고,

3 중간 불로 달군 팬에 식용유(1)를 두른 뒤 마늘을 넣어
  향이 날 때까지 볶고,

4 양파, 양송이버섯, 베이컨을 넣어 1분간 더 볶고,

5 생크림(1컵), 우유(½컵), 감칠맛 미원(0.3), 후춧가루를
  넣어 끓이고,

6 가장자리에 기포가 올라오면 삶은 페투치네와
  고춧가루(0.5)를 넣어 버무리고 파슬리가루를 뿌려
  마무리.

◆ 조리 TIP ◆

면을 삶고 남은 면수는 버리지 말고 소스가 되직해졌을 때 ½컵
정도를 넣어주세요. 페투치네 대신 라면 사리를 넣어도 맛있는데
이때 면은 2분만 삶아주세요. 면은 마지막에 소스와 함께 다시
끓이니 반만 익혀주세요.

도시락통 새우 오일 파스타

〔 필수 재료 〕   1인분

마늘(3쪽), 새우(4마리),
시금치(50g), 방울토마토(3개),
스파게티(100g)

선택 재료

페페론치노(2개),
파르메산 치즈가루(1.5)

양념

소금(0.5+약간),
감칠맛 미원(0.3), 후춧가루(약간)

〔 만드는 법 〕

1. 마늘은 납작 썰고, 새우는 흐르는 물에 깨끗이 씻은 뒤
   물총과 내장을 제거하고, 시금치는 밑동을 잘라 낱낱이
   가르고, 방울토마토는 2등분하고,

2. 끓는 소금물(물3컵+소금0.5)에 스파게티를 7분간 삶아
   건지고,

3. 중간 불로 달군 팬에 식용유(2)를 두른 뒤 마늘,
   페페론치노를 넣고 볶아 향을 내고,

4. 새우, 시금치(⅔분량), 방울토마토를 넣어 살짝 볶고,

5. 스파게티와 면수(½컵)를 넣은 뒤 감칠맛 미원(0.3),
   소금, 후춧가루로 간하고,

6. 도시락통에 담고 남은 시금치와 파르메산
   치즈가루(1.5)를 넣고 뚜껑을 닫아 흔들어 마무리.

◆ 조리 TIP ◆

새우를 씻을 때 굵은 소금(1)을 넣은 물에 흔들며 불순물을
제거하고 등 부분에 꼬치를 찔러 넣어 내장을 제거해요.
삶은 스파게티는 올리브유(1)나 식용유(1)에 버무리면
면이 붙는 것을 막을 수 있어요.

얼큰 북어 쌀국수

【필수 재료】 1인분

쌀국수(100g), 북어채(60g),
숙주(80g), 대파(5cm),
청양고추(½개)

선택 재료

홍고추(½개)

양념

참기름(1), 청주(1),
감칠맛 미원(0.3), 국간장(0.5),
멸치액젓(0.7)

【만드는 법】

1 쌀국수는 찬물에 담가 1시간 정도 불리고, 북어채도
   찬물에 담가 10분 정도 불리고,

2 숙주는 깨끗하게 씻고, 불린 북어채는 한입 크기로 썰고,
   대파, 청양고추는 송송 썰고,

3 중간 불로 달군 냄비에 참기름(1)을 둘러 북어채,
   청주(1)를 넣고 볶다가 물(2컵)을 부어 끓이고,

4 냄비에 불린 쌀국수를 넣어 2~3분 정도 끓이고.

5 감칠맛 미원(0.3), 국간장(0.5), 멸치액젓(0.7)으로
   간하고,

6 대파와 청양고추, 홍고추를 넣고 불을 끈 뒤 숙주를 올려
   마무리.

◈ 조리 TIP ◈

쌀국수를 물에 불리지 않고 사용할 경우 삶았을 때 면발이 딱딱할
수 있으니 꼭 불려 사용해주세요. 숙주는 먹기 직전에 올려야
더 아삭하게 즐길 수 있어요. 기호에 따라 고수를 썰어 올리거나
레몬, 라임즙을 곁들여도 좋아요.

파트 2

한잔으로 위로 받읍시다

혼 술 상

멘보샤

【 필수 재료 】 1인분

식빵(4장), 칵테일새우(15마리)

밑간

감칠맛 미원(0.3), 전분(1),
맛술(0.5), 달걀물(½개 분량),
다진 마늘(0.3), 참기름(0.3),
후춧가루(약간)

칠리마요소스

핫소스(0.5)+칠리소스(2)+
마요네즈(2)+후춧가루(약간)

【 만드는 법 】

1 식빵은 테두리를 자른 뒤 4등분하고,

2 새우는 곱게 다진 뒤 **밑간**해 고루 치대고,

3 식빵 위에 다진 새우를 올린 뒤 다른 식빵으로 덮어
누르고,

4 180℃로 예열한 에어프라이어에 넣어 10분간 구운 뒤
앞면이 노릇해지면 뒤집어 10분간 더 굽고,

5 그릇에 담아 **칠리마요소스**를 곁들여 마무리.

◈ **조리 TIP** ◈

스프레이에 식용유를 담아 식빵 표면에 뿌리거나 솔로 발라
구우면 겉면이 바삭하게 익어요. 에어프라이어가 없다면 170℃의
식용유(2컵)에서 앞뒤로 5분간 튀겨주세요.

왕갈비양념 치킨텐더

【 필수 재료 】 1인분

양파(¼개), 치킨텐더(200g)

선택 재료

쪽파(1대)

왕갈비 양념장

감칠맛 미원(0.3)+설탕(¼컵)+
고춧가루(약간)+간장(⅓컵)+
콜라(½컵)+다진 마늘(2.5)+
물엿(1)+식용유(0.5)+
참기름(0.5)+후춧가루(약간)

【 만드는 법 】

1 양파는 다지고, 쪽파는 송송 썰고,

2 치킨텐더는 180℃로 예열한 에어프라이어에 넣어 6분간
   구운 뒤 뒤집어 같은 온도로 6분간 더 굽고,

3 팬에 다진 양파와 **왕갈비 양념장** 재료를 넣어 센 불에서
   3분간 끓이고,

4 끓어오르면 약한 불로 줄여 5분간 뭉근하게 끓이고,

5 볼에 구운 치킨텐더와 끓인 왕갈비 양념을 넣어
   버무리고,

6 그릇에 담고 송송 썬 쪽파를 뿌려 마무리.

◈ 조리 TIP ◈

에어프라이어가 없다면 오븐에서 같은 온도와 시간으로 굽거나,
180℃로 달군 식용유(2컵)에 10분간 노릇하게 튀겨주세요.
왕갈비 양념장을 넉넉히 만들어 냉장 보관한 뒤 찜닭, 갈비찜을
만들 때 활용해도 좋아요.

분홍소시지칩

【 필수 재료 】　1인분

분홍소시지 (½개=150g)

갈릭요거트소스

마늘 (5쪽), 감칠맛 미원 (0.3),
플레인 요거트 (2), 크림치즈 (1),
꿀 (0.5)

【 만드는 법 】

1　중간 불로 달군 팬에 식용유(1)를 두른 뒤 마늘이 익을 때까지 굽고,

2　구운 마늘은 포크로 으깬 뒤 나머지 **갈릭요거트소스** 재료와 고루 섞고,

3　분홍소시지는 모양대로 0.5cm 두께로 썰고,

4　180℃로 예열한 에어프라이어에 식용유(2)를 솔로 고루 바른 뒤 손질한 분홍소시지를 앞뒤로 5분간 굽고,

5　그릇에 분홍소시지칩을 담고 갈릭요거트소스를 곁들여 마무리.

◈ 조리 TIP ◈

분홍소시지는 완전하게 식혀 먹어야 바삭한 식감을 맛볼 수 있어요. 남은 소시지칩은 샌드위치나, 카나페, 피자 토핑에 활용해도 좋아요. 마늘을 따로 굽기 번거롭다면 분홍소시지와 함께 에어프라이어에 넣고 5~6분간 구운 뒤 포크로 으깨 사용하세요.

냉동삼겹살구이 (미원허브소금+파절임)

【필수 재료】 1인분

대파(1대), 냉동삼겹살(200g)

선택 재료

콩나물(150g), 달걀노른자(1개)

파절임 양념장

감칠맛 미원(0.3)+고춧가루(1)+
액젓(0.5)+다진 마늘(0.5)+
참기름(0.3)+참깨(약간)

허브소금

감칠맛 미원(0.6), 소금(1),
로즈메리가루(1), 후춧가루(약간)

【만드는 법】

1 대파는 채 썬 뒤 찬물에 3분 정도 담갔다 체에 밭쳐
  물기를 제거하고,

2 콩나물은 10분간 삶아 건져 얼음물에 담근 뒤
  체에 밭쳐 물기를 제거하고,

3 볼에 파채와 콩나물을 넣고 **파절임 양념장**에 버무려
  그릇에 담은 뒤 달걀노른자를 올리고,

4 볼에 **허브소금** 재료를 넣어 고루 섞고,

5 센 불로 달군 팬에 냉동삼겹살을 올려 앞뒤로 노릇하게
  굽고,

6 그릇에 담아 허브소금과 파절임을 곁들여 마무리.

◆ 조리 TIP ◆

파절임은 미리 만들면 숨이 죽고 물이 생길 수 있으니 먹기 직전에
버무려요. 허브소금은 로즈메리 외에 타임, 바질 등 기호에 맞는
다양한 허브로 믹스해도 좋아요.

납작만두 김치치즈후라이

〔필수 재료〕 1인분

김치(¼포기), 납작만두(4~5개)

선택 재료

적양파(¼개), 쪽파(1대)

양념

감칠맛 미원(0.3), 고춧가루(0.3),
설탕(0.5)

치즈소스 재료

우유(5), 슬라이스 체더치즈(3장)

〔만드는 법〕

1 김치는 양념을 털어내 작게 썰고, 적양파는 굵게 다지고,
   쪽파는 송송 썰고,

2 중간 불로 달군 팬에 식용유(2)를 둘러 납작만두를
   앞뒤로 노릇하게 구워 꺼내고,

3 같은 팬에 식용유(1)를 두르고 김치, **양념**을 넣어
   반투명할 정도로 3분간 볶고,

4 볼에 우유(5)와 잘게 찢은 체더치즈를 담아
   전자레인지에 1분 30초간 돌린 뒤 고루 섞고,

5 그릇에 납작만두, 볶음 김치, 다진 적양파, 치즈소스
   순으로 담고 송송 썬 쪽파를 뿌려 마무리.

조리 TIP

냉동 납작만두를 사용할 경우, 약간의 물을 넣고 랩을 씌운 뒤
전자레인지에 1~2분간 돌려 완전히 해동이 된 뒤 사용해야 속이
터지지 않고 깔끔하게 구워져요.

명란 맥앤치즈

[필수 재료] 1인분

마카로니 (100g), 명란젓 (40g),
우유 (1컵)

선택 재료

청양고추 (½개)

양념

버터 (1), 다진 마늘 (0.5), 파르메산
치즈가루 (⅓컵), 감칠맛 미원 (0.3)

[만드는 법]

1 끓는 물(3컵)에 마카로니를 넣어 5분간 끓인 뒤 건지고,

2 청양고추는 송송 썰고, 명란젓은 가운데에 칼집을 낸 뒤 칼등으로 알을 바르고,

3 중간 불로 달군 팬에 버터(1)를 녹인 뒤 다진 마늘(0.5)을 넣어 향이 날 때까지 볶다가 마카로니를 넣어 1분간 볶고,

4 우유, 파르메산 치즈가루(½컵), 감칠맛 미원(0.3)을 넣어 2분간 끓이고,

5 명란젓과 청양고추를 넣고 1분간 더 끓여 마무리.

◈ 조리 TIP ◈

명란젓은 빨갛게 양념된 것을 사용할 경우 물에 여러 번 씻은 뒤 사용하세요. 마카로니는 데치는 대신 볼에 물 3컵을 넣고 전자레인지에 4~5분간 돌려도 돼요. 마카로니 대신 리가토니나 스파게티를 사용해도 좋아요.

치즈 감자전

【 필수 재료 】 1인분

감자 (1½개), 밀가루 (5),
모차렐라치즈 (1컵)

선택 재료

파르메산 치즈가루 (1)

양념

감칠맛 미원 (0.3), 버터 (1)

【 만드는 법 】

1 감자는 채칼로 얇게 채 썰고,

2 볼에 채 썬 감자, 감칠맛 미원(0.3), 밀가루(5), 파르메산
   치즈가루(1)를 넣어 고루 섞고,

3 중간 불로 달군 팬에 버터(1), 식용유(1)를 두른 뒤
   감자채를 얇게 펴고,

4 한쪽 면이 단단하게 익어 올라오면 뒤집고,

5 모차렐라치즈를 올린 뒤 뚜껑을 덮어 약한 불로 줄여
   나머지 면도 노릇하게 익혀 마무리.

◆ 조리 TIP ◆

감자를 채 썬 뒤 물에 5분간 담가 전분기를 제거하면 구웠을 때
식감이 더욱 바삭해져요. 센 불로 조리할 경우 겉면만 타고
속이 잘 익지 않을 수 있으니 중간 불에서 중약 불 사이로 두고
조리해주세요.

어묵 까수엘라

【 필수 재료 】 1인분

마늘(5쪽), 양파(¼개),
청양고추(1개), 새우(6마리),
볼어묵(80g)

선택 재료

월계수잎(2장),
부순 페페론치노(1),
바게트(적당량)

양념

올리브유(½컵), 감칠맛 미원(0.3),
후춧가루(약간)

【 만드는 법 】

1 마늘은 얇게 썰고, 양파는 굵게 채 썰고,
  청양고추는 어슷 썰고,

2 새우는 머리와 껍질을 제거한 뒤 등쪽에 칼집을 넣어
  내장을 제거하고,

3 중간 불로 달군 팬에 올리브유(½컵), 월계수잎, 손질한
  채소를 넣어 2분간 끓이고,

4 마늘이 노릇해지면 볼어묵, 새우, 부순 페페론치노,
  감칠맛 미원(0.3), 후춧가루를 넣고 새우가 붉게 변할
  때까지 끓이고,

5 먹기 좋게 썬 바게트를 곁들여 마무리.

조리 TIP

새우 손질 시 꼬리 쪽에 있는 물총도 함께 제거해야 조리할 때
기름이 튀는 것을 방지할 수 있어요. 남은 어묵 까수엘라에 삶은
스파게티를 곁들여 오일 파스타로도 즐길 수 있어요.

까르보나라 치킨

〔필수 재료〕 1인분

양파(1개), 새우(4마리),
닭안심(150g)

반죽

튀김가루(⅔컵)+찬물(½컵)

소스 재료

감칠맛 미원(0.2),
후춧가루(약간), 생크림(⅔컵),
파르메산 치즈가루(2)

양념

감칠맛 미원(0.3),
후춧가루(약간), 버터(0.5),
다진 마늘(1), 파슬리가루(약간)

〔만드는 법〕

1 양파(½개)는 둥근 모양을 살려 얇게 썰어 물에 담그고,
나머지는 곱게 다지고,

2 새우는 흐르는 물에 깨끗이 씻어 껍질을 벗긴 뒤 물총을
제거하고,

3 닭안심은 감칠맛 미원(0.3), 후춧가루로 버무리고,

4 **반죽**을 만든 뒤 손질한 새우와 닭안심을 넣어 버무리고,

5 180℃로 달군 식용유(3컵)에 새우를 넣어 5분간 튀겨
건지고,

6 닭안심도 같은 온도에서 7분간 튀겨 건지고,

7 중간 불로 달군 팬에 버터(0.5)를 두른 뒤 다진 양파,
다진 마늘(1)을 볶다가 **소스 재료**를 넣어 3~4분간
걸쭉해질 때까지 조리고,

8 그릇에 튀긴 새우, 치킨, 얇게 썬 양파를 올리고 소스를
부은 뒤 파슬리가루를 뿌려 마무리.

조리 TIP

닭안심에 미원을 뿌려 20분간 숙성한 뒤 튀기면 닭안심의 속까지
감칠맛이 배어 더욱 맛있게 먹을 수 있어요. 닭안심에 튀김가루를
먼저 묻힌 뒤 튀기면 튀김옷이 떨어지지 않아서 좋아요.

콘치즈 달걀말이

【 필수 재료 】 1인분

통조림 옥수수(½컵), 양파(⅕개),
청양고추(½개), 달걀(3개)

치즈 소스

모차렐라치즈(½컵)+감칠맛
미원(0.3)+마요네즈(1)

양념

감칠맛 미원(0.1), 후춧가루(약간)

【 만드는 법 】

1 통조림 옥수수는 체에 밭쳐 물기를 제거하고,
  양파, 청양고추는 잘게 다지고,

2 **치즈 소스**에 양파, 청양고추, 옥수수를 넣어 버무리고,

3 볼에 달걀을 풀어 체에 거른 뒤 **양념**하고,

4 중간 불로 달군 팬에 식용유(2)를 두르고 중약 불로 줄여
  달걀물(⅓분량)을 부은 뒤 가장자리가 익기 시작하면
  버무린 콘치즈를 가장자리에 올리고,

5 콘치즈를 올린 쪽부터 조금씩 접어 말고 속까지 익으면
  나머지 달걀물을 부어가며 말아 익혀 마무리.

◆ 조리 TIP ◆

달군 팬에 식용유로 골고루 코팅을 한 뒤 조리해야 달걀물이 팬에
달라붙지 않고 잘 말 수 있어요. 완성된 뒤 속이 잘 익지 않았다면
전자레인지에 1분간 돌려 속까지 부드럽게 익혀주세요. 달걀말이는
충분히 식힌 뒤 썰어야 부서지지 않아요.

퐁당 만두

【 필수 재료 】 1인분

당근(⅓개), 홍고추(½개),
냉동만두(6개)

선택 재료

파채(1줌)

소스 재료

설탕(1)+감칠맛 미원(0.5)+
물(½컵)+식초(1)+레몬즙(1)+
까나리액젓(2)+다진 마늘(0.5)

【 만드는 법 】

1 당근은 곱게 다지고, 홍고추는 송송 썰고,

2 손질한 채소와 **소스 재료**를 섞고,

3 중간 불로 달군 팬에 식용유(1)를 두른 뒤 냉동만두를
   2분간 굽고,

4 물(2)을 뿌린 뒤 뚜껑을 닫고 2~3분간 더 구워
   한 김 식히고,

5 그릇에 만두를 담고 소스를 붓고,

6 파채를 올려 마무리.

◈ 조리 TIP ◈

만두를 구울 때 물을 넣으면 수증기로 찌는 효과를 볼 수 있어
겉은 바삭하고 속은 부드럽게 고루 익어요. 굽는 것이 번거롭다면
전자레인지에 물(½컵)을 넣은 뒤 랩을 씌워 3~4분간 돌려도 돼요.
이국적인 맛을 원한다면 파채 대신 고수를 곁들이세요.

통삼겹살 김치전

【 필수 재료 】   1인분

김치 (⅓포기), 부침가루 (⅔컵),
돼지고기 (삼겹살 100g)

선택 재료

쪽파 (5대)

양념

감칠맛 미원 (0.3), 고춧가루 (1)

【 만드는 법 】

1 김치는 잘게 썰고,

2 부침가루(⅔컵)에 물(⅔컵)을 조금씩 넣어가며 끈기가
  생기도록 섞고,

3 반죽에 김치, **양념**을 고루 섞고,

4 센 불로 달군 팬에 삼겹살을 올려 앞뒤로 3~5분간
  노릇하게 구워 꺼내고,

5 같은 팬을 중간 불로 달군 뒤 식용유(1)를 둘러
  반죽→구운 삼겹살→쪽파 순으로 올려 가장자리 색이
  변할 때까지 굽고,

6 뒤집어 반대편도 2분간 노릇하게 부쳐 마무리.

조리 TIP

부침가루를 반죽할 때는 끈기가 생기도록 물을 조금씩 넣어가며
충분히 저어주어야 김치전의 식감이 부드럽고 쫄깃해져요. 반죽에
얼음을 약간 넣으면 더 바삭하게 즐길 수 있어요. 돼지고기를 구운
팬을 사용하면 고기 기름이 반죽에 스며들어 더욱 고소해져요.

양념꼬치 세트

【필수 재료】   1인분

떡볶이떡(1컵=120g), 순대(100g),
대파(1대), 비엔나소시지(4개)

양념장

감칠맛 미원(0.3)+케첩(1)+
다진 마늘(0.5)+고추장(1)+
물엿(1)+참깨(약간)+
후춧가루(약간)

【만드는 법】

1 볼에 떡볶이떡, 물(2컵)을 넣어 전자레인지에 1분간 돌려
  체에 밭쳐 물기를 제거하고,

2 순대는 3cm 길이로 썰고, 대파는 3cm 길이로 썰고,

3 꼬치에 순대→소시지 순으로 번갈아 끼우고, 다른 꼬치에
  떡볶이떡, 대파 순으로 번갈아 끼우고,

4 중간 불로 달군 팬에 식용유(2)를 두른 뒤 꼬치를 올려
  앞뒤로 3~4분간 노릇하게 굽고,

5 **양념장**을 꼬치 앞뒤로 고루 발라 2분간 더 구워 마무리.

❖ 조리 TIP ❖

떡은 물기를 완전히 제거해야 기름이 튀지 않고 노릇하게 구울 수
있어요. 양념은 미리 만들어 두면 숙성되어 감칠맛이 좋아져요.
센 불에서 양념을 바르면 탈 수 있으니 중간 불 또는 중약 불에서
양념을 발라 구워주세요.

치킨 와플

【필수 재료】 1인분

닭다릿살(150g), 달걀(1½개),
우유(1½컵), 중력분(1½컵)

선택 재료

초코시럽(약간), 슈가파우더(약간)

밑간

감칠맛 미원(0.2)+간장(0.5)+
다진 마늘(0.3)+후춧가루(약간)

양념

전분(3), 설탕(2), 감칠맛
미원(0.2), 베이킹소다(0.2),
베이킹파우더(0.5), 녹인
버터(¼컵)

【만드는 법】

1 닭다릿살은 안쪽에 칼집을 넣고 **밑간**한 뒤 달걀(½개),
전분(3)을 넣어 고루 버무리고,

2 170℃로 달군 식용유(2컵)에 노릇하게 튀겨 건진 뒤
키친타월에 올려 기름기를 제거하고,

3 우유(1½컵)에 달걀(1개)과 설탕(2), 감칠맛 미원(0.2)을
넣어 거품기로 섞고,

4 중력분(1½컵)과 베이킹소다(0.2), 베이킹파우더(0.5)를
섞어 체에 내려 고루 섞은 뒤 녹인 버터(¼컵)를 넣어
섞고 랩을 씌워 냉장실에 20분간 휴지시키고,

5 달군 와플 팬에 식용유(1)를 바르고 반죽을 부어
노릇하게 굽고,

6 그릇에 와플, 치킨을 담고 초코시럽, 슈가파우더를 뿌려
마무리.

◈ 조리 TIP ◈

와플반죽을 냉장실에서 휴지시키면 좀 더 바삭한 식감의 와플을
맛볼 수 있어요. 와플 팬이 없다면 약한 불로 달군 프라이팬에
반죽을 올려 구워도 좋아요. 시판 치킨을 에어프라이어나 오븐에
구워 사용하면 요리가 훨씬 간편해져요.

파트 3

추억을 먹어봅시다

분 식 열 전

소시지 당면볶이

【필수 재료】   2~3인분

납작당면(80g), 양파(¼개),
어묵(2장), 대파(12cm),
비엔나소시지(7개)

선택 재료

양배추(2장),
삶아 껍질 벗긴 메추리알(8개),
참깨(약간)

양념장

설탕(1.5)+고춧가루(1.5)+
후춧가루(0.2)+감칠맛 미원(0.3)+
간장(1.5)+고추장(2)

【만드는 법】

1 당면은 잠길 정도의 찬물에 담가 30분간 불리고,
   양념장을 만들고,

2 양파와 어묵은 굵게 채 썰고, 대파와 양배추는 한입
   크기로 썰고,

3 비엔나소시지는 칼집을 넣고,

4 냄비에 물(3컵)을 붓고 양념장을 풀어 끓어오르면
   양배추와 양파를 넣어 중간 불로 끓이고,

5 양배추가 부드러워지면 당면, 어묵, 소시지, 메추리알을
   넣고,

6 당면이 익을 때까지 4분간 끓인 뒤 대파를 넣고 참깨를
   뿌려 마무리.

◆ 조리 TIP ◆

납작당면 대신 중국 당면을 사용할 때에는 하루 전날 불려
사용해주세요. 당면은 미리 넣으면 불 수 있으니 먹기 직전에 넣어
조리해주세요.

파르메산치즈 기름떡볶이

【 필수 재료 】　　　2~3인분

떡볶이떡(400g), 버터(2),
파르메산 치즈가루(3),
아몬드 슬라이스(2)

선택 재료

꿀(1), 파슬리가루(약간)

양념장

감칠맛 미원(0.3)+간장(2)+
올리고당(1.5)+다진 파(1)+
참기름(1)

【 만드는 법 】

1 끓는 물(4컵)에 떡볶이떡을 40초간 데치고,

2 찬물에 헹궈 체에 밭쳐 물기를 제거하고,

3 **양념장**에 버무려 5분간 재우고,

4 중약 불로 달군 팬에 버터(2), 식용유(1)를 두른 뒤
  양념에 버무린 떡볶이떡을 노릇하게 볶아 꺼내고,

5 파르메산 치즈가루(3), 꿀(1), 아몬드 슬라이스(2),
  파슬리가루를 뿌려 마무리.

◆ 조리 TIP ◆

떡은 오래 데칠 경우 탱탱 붇고 퍼져서 볶을 때 떡끼리 서로
달라붙을 수 있어요. 냉동된 떡을 사용할 때는 데치는 시간을 2배로
늘려주세요.

하얀국물 떡볶이

【 필수 재료 】 2~3인분

국물용 멸치 (7마리), 무 (80g),
어묵 (2장), 양파 (½개), 떡볶이
떡 (250g)

선택 재료

생표고버섯 (1개), 청양고추 (2개),
대파 (10cm)

양념

감칠맛 미원 (0.5), 간장 (1), 다진
마늘 (0.5), 후춧가루 (약간)

【 만드는 법 】

1 물 (5컵)에 국물용 멸치, 무를 넣고 15분간 중간 불로
   끓여 건더기를 건지고,

2 어묵은 한입 크기로 썰고, 양파는 채 썰고, 표고버섯은
   기둥을 떼고 모양대로 썰고, 청양고추와 대파는 어슷
   썰고,

3 육수에 표고버섯, 양파를 넣어 중간 불로 5분간 팔팔
   끓이고,

4 떡볶이떡과 어묵, **양념**을 넣어 5분간 끓이고,

5 청양고추와 대파를 넣어 국물이 자작해질 때까지 끓여
   마무리.

◈ 조리 TIP ◈

떡볶이떡은 조리 전 따뜻한 물에 미리 불리면 조리시간을 줄일
수 있어요. 국물 떡볶이를 원한다면 떡이 말랑해질 정도로만 끓여
마무리해주세요. 떡볶이를 건져 먹고 남은 국물은 밥과 김가루를
넣어 볶음밥 또는 죽으로 조리해 먹어도 좋아요.

추억의 가락국수

【 필수 재료 】   2~3인분

유부(4장), 묵은지(100g),
대파(10cm), 소면(300g)

선택 재료

쑥갓(30g), 청양고추(1개),
김가루(약간)

육수 재료

국물용 멸치(7마리), 무(½토막),
양파(½개)

양념장

고춧가루(2)+감칠맛 미원(0.5)+
간장(4)+다진 마늘(1)+참깨(약간)

【 만드는 법 】

1 물(5컵)에 **육수 재료**를 넣고 20분간 끓여 체로 건더기를
  건지고,

2 유부는 먹기 좋게 썰고, 묵은지는 물에 헹군 뒤 송송
  썰고, 쑥갓은 한입 크기로 썰고, 대파, 청양고추는 굵게
  다지고,

3 소면은 전분기를 찬물에 한 번 씻어내고 끓는 물(4컵)에
  넣어 8분간 삶아 건진 뒤 찬물에 헹궈 체에 밭쳐 물기를
  빼고,

4 **양념장**에 다진 대파와 청양고추를 고루 섞고,

5 그릇에 소면, 유부, 묵은지, 쑥갓을 담고 육수를 부어
  양념장과 김가루를 곁들여 마무리.

◆ **조리 TIP** ◆

소면을 미리 찬물에 헹구면 전분기가 제거되어 삶은 뒤 육수를
부어도 깔끔한 맛이 유지돼요. 소면을 삶을 때 물이 끓어오르는
순간에 찬물(½컵)을 붓는 과정을 두 번 정도 반복해야 면발이
탱탱해져요.

사라다랩

〔필수 재료〕 2~3인분

양배추(4장), 당근(⅓개),
양파(¼개), 게맛살(2개),
토르티야(3장)

선택 재료

청피망(½개), 사과(½개)

드레싱

설탕(0.5)+갑칠맛 미원(0.2)+
식초(1)+마요네즈(2)

〔만드는 법〕

1 양배추는 두꺼운 줄기 부분을 저며 5cm 폭으로 자른 뒤
   얇게 채 썰고,

2 당근, 양파, 청피망, 사과는 곱게 채 썰고, 게맛살은 잘게
   찢고,

3 드레싱을 만들고,

4 손질된 재료를 드레싱에 버무리고,

5 도마에 랩을 깔고 토르티야, 버무린 재료 순으로 올려
   돌돌 만 뒤 반으로 잘라 마무리.

◆ 조리 TIP ◆

토르티야는 노릇하게 구워 한 김 식힌 뒤 말면 바삭한 식감을 즐길
수 있어요. 사라다랩은 미리 만들어 두면 채소에서 물이 생길 수
있으므로 먹기 직전에 말아야 해요.

누룽지 김치볶음밥

【필수 재료】 2~3인분

대파(10cm), 배추김치(¼포기),
밥(1½공기), 모차렐라치즈(1컵)

양념

감칠맛 미원(0.3), 설탕(0.5),
참기름(1)

【만드는 법】

1 대파는 송송 썰고, 배추김치는 잘게 썰고,

2 중간 불로 달군 팬에 식용유(2), 대파를 넣어 향이
  올라올 때까지 볶고,

3 잘게 썬 배추김치를 넣어 3분간 볶고,

4 밥, 양념을 넣고 약한 불로 줄여 고루 저으며 볶고,

5 넓게 편 뒤 2~3분간 익혀 누룽지를 만들고,

6 볶음밥의 한쪽에 모차렐라치즈를 고루 뿌린 뒤 반으로
  접어 뚜껑을 덮고 치즈가 녹을 때까지 2분간 익혀
  마무리.

◈ 조리 TIP ◈

김치는 수분기를 충분히 날리면서 볶아야 밥이 팬에 잘 눌어 바삭한
누룽지가 만들어져요. 김치볶음밥 위에 통조림 옥수수나 체더치즈
등을 함께 올려도 먹어도 좋아요.

회오리 오므라이스

【 필수 재료 】　　　2~3인분

양파(½개), 피망(1개),
베이컨(3줄), 달걀(3개),
밥(2공기)

선택 재료

양송이버섯(2개),
파슬리가루(약간)

소스

설탕(2)+감칠맛 미원(0.3)+
간장(2)+케첩(2)+버터(3)

양념

감칠맛 미원(0.3), 간장(0.5),
후춧가루(약간)

【 만드는 법 】

1 **소스**는 섞어 전자레인지에 30초간 돌리고,

2 양파와 피망, 베이컨은 잘게 썰고, 양송이버섯은
   납작하게 썰고,

3 팬을 센 불에 올려 식용유(2)를 두르고 양파, 베이컨,
   양송이버섯을 볶다가 피망을 넣어 볶고,

4 밥을 넣어 섞은 뒤 **양념**하고 밥공기에 눌러 담아 그릇
   위에 뒤집어 얹고,

5 달걀은 곱게 풀어 체에 한 번 거른 뒤 약한 불로 달군
   팬에 식용유(1)를 둘러 달걀물을 붓고,

6 가장자리가 익기 시작하면 나무젓가락으로 달걀을
   양쪽에서 중앙으로 모으고 젓가락이 만나면 팬을 살살
   돌려 회오리 모양을 만들고,

7 밥 위에 익힌 달걀을 올린 뒤 소스를 가장자리에 붓고
   파슬리가루를 뿌려 마무리.

◆ 조리 TIP ◆

달걀의 중앙이 익기 전, 가장자리만 살짝 익었을 때 회오리
모양으로 모아야 잘 모아져요. 달걀물에 전분(1)을 섞으면 회오리
모양을 만들 때 찢어지는 것을 예방하는 데 도움이 돼요.

하얀 쫄새우 비빔면

【 필수 재료 】   2~3인분

부추(20g), 풋고추(1개),
방울토마토(2개), 칵테일
새우(10마리), 쫄면(300g)

밑간

설탕(0.3), 간장(1),
다진 마늘(0.5)

양념장

감칠맛 미원(0.3)+간장(0.7)+
식초(2)+물엿(2)+멸치액젓(약간)

양념

식초(1)

【 만드는 법 】

1 부추는 5cm 길이로 썰고, 풋고추는 어슷 썰고,
   방울토마토는 2등분하고,

2 새우는 흐르는 물에 깨끗이 씻은 뒤 **밑간**하고,

3 **양념장**을 만들고,

4 냄비에 물(5컵)을 넣고 중간 불로 끓인 뒤 식초(1),
   쫄면을 넣어 4분간 삶아 찬물에 헹궈 물기를 빼고,

5 중간 불로 달군 팬에 식용유(0.5)를 둘러 새우를 4분간
   볶고,

6 쫄면 위에 볶은 새우, 손질한 채소를 올리고 양념장을
   곁들여 마무리.

◈ 조리 TIP ◈

쫄면을 삶을 때 식초를 넣으면 쫄면의 잡내를 제거할 수 있고
찬물에 충분히 헹구면 식감이 쫄깃해져요. 양념장은 미리 만들어
숙성하면 더 깊은 맛을 낼 수 있어요.

달걀마요바게트 샌드위치

【필수 재료】 2~3인분

감자(2개), 달걀(2개), 양파(¼개), 오이(¼개), 통조림 옥수수(6), 바게트(1개)

선택 재료

슬라이스 햄(2장)

양념

소금(1.6), 식초(1)

사라다 양념

감칠맛 미원(0.3), 설탕(0.5), 버터(1), 마요네즈(5), 연겨자(0.3), 후춧가루(약간)

【만드는 법】

1 감자는 껍질을 벗긴 뒤 잠길 정도의 물에 소금(0.3)을 넣어 20분간 삶고,

2 달걀은 잠길 정도의 물에 소금(0.3)과 식초(1)를 넣어 15분간 삶아 껍질을 벗기고,

3 양파, 슬라이스 햄은 굵게 다지고, 오이는 동그란 모양을 살려 얇게 썰어 소금(1)에 절여 완전히 숨이 죽으면 물기를 짜고,

4 감자와 달걀은 뜨거운 상태에서 으깨 **사라다 양념**에 버무리고,

5 오이, 양파, 햄, 물기 뺀 옥수수를 넣어 섞고,

6 바게트는 3등분한 뒤 반을 갈라 속을 파내고,

7 버무린 재료들을 채워 마무리.

조리 TIP

절인 오이는 물기를 충분히 빼야 나중에 물이 생기지 않아요. 양파의 매운맛이 싫다면 물에 충분히 담근 뒤 물기를 꼭 짜 사용해요. 감자는 삶기 번거롭다면 전자레인지에 작게 썰어 랩을 씌운 뒤 8~10분간 돌려 사용하세요.

꿀치즈호떡

【 필수 재료 】 2~3인분

시판 호떡믹스 (1봉지),
감칠맛 미원 (0.3), 아몬드 (¼컵),
호두 (¼컵), 모차렐라치즈 (1컵)

【 만드는 법 】

1 호떡믹스와 동봉된 인스턴트 이스트, 미지근한 물(1컵), 감칠맛 미원(0.3)을 섞어 반죽하고,

2 마른 팬을 약한 불로 달군 뒤 견과류를 볶아 식혀 동봉된 호떡잼 믹스와 섞어 호떡소를 만들고,

3 반죽을 4등분한 뒤 호떡소, 모차렐라치즈를 넣어 둥글게 뭉치고,

4 식용유(3)를 두른 팬에 반죽을 올려 중간 불에 뒤집개로 눌러가며 앞뒤를 노릇하게 굽고,

5 그릇에 담아 마무리.

조리 TIP

인스턴트 이스트는 미지근한 물에 미리 풀어 준비해야 반죽에 고루 섞여요. 폭신한 식감의 호떡을 원한다면 실온에 30분간 발효해 주세요. 기호에 따라 초코시럽, 슈가파우더를 뿌려 먹어도 좋아요.

달걀튀김

【 필수 재료 】 2~3인분

달걀 (6개), 튀김가루 (3),
빵가루 (1컵)

선택 재료

설탕 (1), 케첩 (약간)

튀김옷 반죽

감칠맛 미원 (0.3)+튀김가루 (⅔컵)
+찬물 (⅔컵)+파슬리가루 (약간)

양념

소금 (0.5), 식초 (1)

【 만드는 법 】

1 냄비에 물(7컵), 소금(0.5), 식초(1)를 섞은 뒤 달걀을
   넣어 15분간 삶고,

2 삶은 달걀은 껍질을 깐 뒤 비닐백에 튀김가루(3)와 함께
   넣고 흔들어 겉면에 튀김가루를 고루 묻히고,

3 **튀김옷 반죽** → 빵가루 순으로 묻히고,

4 팬에 달걀이 반쯤 잠길 정도로 식용유를 부어 180℃로
   달군 뒤 달걀을 굴려가며 고루 튀겨 건지고,

5 그릇에 튀긴 달걀을 담고 설탕(1), 케첩을 곁들여 마무리.

조리 TIP

설탕, 케첩 대신 감칠맛 미원을 뿌려도 좋아요. 기름 온도를 체크할
수 있는 온도계가 없다면 달군 식용유에 젓가락을 넣고 2~3초 뒤
기포가 생기면 튀기기 적당한 온도예요.

핫도그 피자

【필수 재료】   2~3인분

토마토(작은 것 2개), 양파(⅛개),
청피망(⅓개), 핫도그(2개),
모차렐라치즈(1컵)

선택 재료

올리브(3개), 통조림 옥수수(⅓컵),
파슬리가루(약간)

양념

다진 마늘(1), 감칠맛 미원(0.3),
설탕(1), 바질가루(약간)

【만드는 법】

1 토마토는 끝에 십자 모양으로 칼집을 내 끓는 물(3컵)에
   30초간 데치고,

2 데친 토마토는 껍질을 벗겨 곱게 다지고, 양파, 청피망은
   잘게 다지고, 올리브는 모양대로 썰고,

3 중간 불로 달군 팬에 올리브유(1)를 두른 뒤
   다진 마늘(1), 다진 양파를 볶고,

4 양파가 반투명해지면 토마토, 감칠맛 미원(0.3), 설탕(1),
   바질가루를 넣어 15분간 졸여 한 김 식히고,

5 핫도그는 실온에서 해동한 뒤 꼬치를 제거하고
   1cm 폭으로 썰어 내열 용기에 펼쳐 담고,

6 졸인 토마토소스, 청피망, 올리브, 옥수수, 모차렐라치즈
   순으로 올린 뒤 전자레인지에 2분간 돌리고
   파슬리가루를 뿌려 마무리.

조리 TIP

핫도그 대신 바게트, 식빵을 먹기 좋게 썰어 사용해도 좋아요.
남은 토마토소스는 파스타, 피자, 리소토를 만들 때 이용할 수
있어요.

떡볶이채소 치즈김밥

【 필수 재료 】 2~3인분

양파(¼개), 양배추(1장),
대파(10cm), 밥(2공기),
스트링치즈(4줄), 김밥용 김(2장)

양념장

감칠맛 미원(0.3)+설탕(1)+
카레가루(0.5)+고춧가루(0.5)+
간장(0.5)+고추장(0.7)+
후춧가루(약간)

양념

참기름(약간), 참깨(약간)

【 만드는 법 】

1 양파와 양배추, 대파는 작게 썰고,

2 중간 불로 달군 팬에 식용유(1)를 두른 뒤 대파, 양파,
  양배추, **양념장**을 넣어 3분간 볶고,

3 밥을 넣어 밥알이 흩어질 때까지 잘 볶은 뒤
  한 김 식히고,

4 스트링치즈는 전자레인지에 10~15초간 돌리고,

5 김 위에 볶아둔 볶음밥을 ⅔정도 깔고 스트링치즈를
  올려 돌돌 말고,

6 참기름을 바르고 참깨를 뿌리고,

7 한입 크기로 먹기 좋게 썰어 마무리.

◈ 조리 TIP ◈

볶은 밥을 뜨거운 상태에서 넣어 김밥을 말면 김이 눅눅해져
잘 말아지지 않으니 한 김 식혀 사용해주세요. 스트링치즈 대신
슬라이스치즈, 모차렐라치즈를 돌돌 말아 사용해도 좋아요.

라면땅

【필수 재료】   2~3인분

라면 사리 (1개), 캐슈넛 (¼컵)

선택 재료
땅콩 (2)

양념
감칠맛 미원 (0.3), 황설탕 (1), 올리고당 (¼컵)

【만드는 법】

1 라면 사리는 잘게 부수고,

2 마른 팬에 부순 면, 캐슈넛, 땅콩을 넣어 중간 불에서 볶고,

3 면이 부분적으로 진한 갈색이 되면 불을 끄고 **양념**을 넣어 고루 섞고,

4 손에 식용유(1)를 묻혀 라면을 먹기 좋게 한입 크기로 뭉쳐 마무리.

◆ 조리 TIP ◆

견과류는 캐슈넛, 땅콩뿐만 아니라 기호에 맞게 다양하게 사용해도 좋아요. 견과류는 팬에 굽는 대신 170℃ 예열한 오븐에 넣어 5~7분간 구워도 돼요.

파트

4

가벼운 나를 만나봅시다

다이어트 식사

아보카도 연어샐러드

〔필수 재료〕 2~3인분

샐러드채소(90g), 아보카도(1개),
연어(100g)

선택 재료

그린올리브(3개),
블랙올리브(3개),
아몬드 슬라이스(1)

레몬오일 드레싱

감칠맛 미원(0.5)+설탕(1.5)+
레몬즙(3)+올리브유(3)+
통후추 간 것(약간)

〔만드는 법〕

1 샐러드채소는 한입 크기로 찢고, 아보카도는 반 가른 뒤
   씨와 껍질을 제거해 얇게 썰고,

2 연어는 사방 1cm로 깍둑 썰고, 올리브는 2등분하고,

3 **레몬오일 드레싱**을 연어에 버무려 10분간 숙성하고,

4 그릇에 샐러드채소를 깐 뒤 아보카도를 올리고,

5 드레싱에 버무린 연어와 올리브, 아몬드 슬라이스(1)를
   올려 마무리.

◆ 조리 TIP ◆

레몬오일 드레싱을 만들 때, 레몬즙에 감칠맛 미원과 설탕을
충분하게 녹인 뒤 올리브유를 넣어야 드레싱이 분리되지 않아요.
드레싱에 버무린 연어는 먹기 직전에 올려주세요.

113

해초곤약 비빔면

【 필수 재료 】   2~3인분

해초곤약면 (400g)

선택 재료

오이 (¼개), 방울토마토 (6개),
쪽파 (2대), 달걀 (2개)

양념장

감칠맛 미원 (0.6)+고춧가루 (2)+
식초 (2)+간장 (0.6)+
다진 마늘 (1)+고추장 (2)+
올리고당 (2)+참기름 (1.5)

양념

식초 (1), 참깨 (약간)

【 만드는 법 】

1. **양념장**을 만들고,

2. **해초면**은 식촛물(물2컵+식초1)에 4분간 담가 흐르는
   물에 씻은 뒤 체에 밭쳐 물기를 빼고,

3. 오이는 5cm 길이로 채 썰고, 방울토마토는 4등분하고,
   쪽파는 송송 썰고,

4. 끓는 물(4컵)에 달걀을 넣고 7분간 삶은 뒤 껍질을 벗겨
   2등분하고,

5. 그릇에 해초면을 담고 양념장, 오이, 방울토마토, 달걀을
   올리고 쪽파와 참깨를 뿌려 마무리.

◈ 조리 TIP ◈

해초면은 씻은 뒤 물기를 충분히 빼야 양념장과 잘 섞일 수 있어요.
흐르는 물에 씻을 때 식초(1)를 넣어 섞으면 해초면 특유의 비린
맛을 제거할 수 있어요.

키토김밥

【 필수 재료 】 2~3인분

깻잎 (4장), 오이 (1개), 빨간
파프리카 (½개), 달걀 (3개),
김 (2장)

선택 재료

노란 파프리카 (½개),
통조림 참치 (100g), 맛살 (70g)

양념

감칠맛 미원 (0.3),
플레인 요거트 (3), 참기름 (약간)

【 만드는 법 】

1 깻잎은 깨끗이 씻어 헹구고, 오이는 돌려 깎아 얇게
   채 썰고, 파프리카도 오이와 같은 길이로 채 썰고,

2 달걀을 고루 풀어 감칠맛 미원(0.3)을 넣어 섞고,
   참치는 기름기를 꼭 짜고 맛살은 얇게 찢어 각각
   플레인 요거트(1.5)를 넣어 고루 섞고,

3 약한 불로 달군 팬에 식용유(0.5)를 둘러 달걀물을
   두 번에 나눠 부은 뒤 노릇하게 익혀 도톰하게 지단을
   부치고,

4 김발에 랩을 두르고 김(1장)을 깐 뒤 지단(1장) →
   깻잎(2장) → 손질한 채소 → 손질한 참치 → 맛살 순으로
   올리고,

5 김 아랫부분을 위로 올려 만 뒤 돌돌 말고 겉면에
   참기름을 살짝 발라 한입 크기로 썰어 마무리.

◈ 조리 TIP ◈

빵칼을 사용하면 초보라도 예쁜 모양으로 김밥을 자를 수 있어요.
랩을 씌워 김발로 모양을 잡아두면 좀 더 편하게 썰 수 있어요.

언위치

【필수 재료】 2~3인분

양상추(12장), 적양파(½개),
토마토(½개), 다진 소고기(80g),
다진 돼지고기(80g), 달걀(2개)

선택 재료

케일(8장), 베이컨(4장),
마요네즈(2)

양념

감칠맛 미원(0.6), 다진 마늘(0.6),
후춧가루(약간)

【만드는 법】

1 양상추와 케일은 깨끗이 씻어 키친타월로 물기를
  제거하고, 적양파와 토마토는 모양대로 도톰하게 썰고,

2 다진 소고기와 돼지고기는 **양념**해 여러 번 치댄 뒤
  1.5cm 두께로 패티를 만들고,

3 중간 불로 달군 팬에 식용유(0.5)를 둘러 달걀을
  프라이해 꺼내고, 베이컨도 노릇하게 구워 꺼내고,

4 같은 팬에 패티를 올려 앞뒤로 노릇하게 3분간 구운 뒤
  약한 불로 줄여 뚜껑을 덮고 10분간 익히고,

5 랩을 넓게 펼친 뒤 양상추(3장)→케일(2장)→패티→달걀
  프라이→베이컨→적양파→토마토 순으로 올리고,

6 마요네즈(2)를 바른 뒤 케일(2장)→양상추(3장) 순으로
  올리고 랩으로 단단하게 감싸 먹기 좋게 썰어 마무리.

조리 TIP

달걀프라이는 취향에 따라 반숙이나 완숙으로 익혀요. 패티를 구울
때는 뚜껑을 덮고 구워야 속까지 고루 익고, 오븐을 사용한다면
180℃ 예열한 오븐에 넣어 20~25분간 구워주세요. 기호에 따라
마요네즈 대신 머스터드소스, 케첩을 곁들여도 좋아요.

바질페스토 현미샐러드

【필수 재료】 2~3인분

방울토마토(5개), 적양파(¼개),
셀러리(10cm), 노랑
파프리카(¼개), 현미(100g)

선택 재료

샐러드채소(약간)

바질페스토

바질(25g), 올리브유(¼컵),
파르메산 치즈가루(12g), 잣(10g),
마늘(2쪽), 감칠맛 미원(0.3),
후춧가루(약간)

【만드는 법】

1 믹서에 **바질페스토** 재료를 곱게 갈고,

2 방울토마토는 깨끗이 씻어 꼭지를 떼고 4등분하고,
   적양파, 셀러리, 파프리카는 작게 깍둑 썰고,

3 끓는 물(4컵)에 현미를 넣어 7분간 삶아 체로 건진 뒤
   흐르는 물에 깨끗이 씻고,

4 그릇에 샐러드채소, 손질한 재료, 현미 순으로 담고,

5 바질페스토(2)를 뿌려 마무리.

◈ **조리 TIP** ◈

남은 바질페스토는 밀폐용기에 담아 냉장 보관하고 2주 이내
사용하는 것이 좋아요. 현미를 삶기 번거롭다면 시판 현미밥을
전자레인지에 돌려 한 김 식힌 뒤 사용해도 좋아요.

된장크림 두부면

【필수 재료】 2~3인분

두부면(160g), 표고버섯(3개),
양파(⅓개), 대파(10cm),
생크림(2½컵)

양념
감칠맛 미원(0.3), 된장(1)

【만드는 법】

1 냄비에 끓는 물(4컵)을 넣고 센 불로 끓여 두부면을
  3~4분간 삶아 건지고,

2 표고버섯은 밑동을 제거해 납작하게 썰고,
  양파는 채 썰고, 대파는 얇게 채 썰고,

3 센 불로 달군 팬에 식용유(1)를 둘러 양파와 버섯을
  노릇하게 볶고,

4 따뜻한 물(½컵)과 **양념**을 넣어 고루 섞고,

5 생크림을 부어 고루 섞은 뒤 끓어오르면 데친 두부면을
  넣고 2분간 더 끓이고,

6 그릇에 담고 대파채를 얹어 마무리.

◆ 조리 TIP ◆

생크림 대신 저지방 우유 또는 휘핑크림을 사용해도 좋아요.
기호에 따라 청양고추를 송송 올려 매운맛을 더해도 맛있어요.

곤약냉면 with 간장돼지불백

【필수 재료】 2~3인분

오이 (½개), 무 (150g),
삶은 달걀 (1개),
돼지고기 (앞다릿살 200g),
실곤약 (400g),

밑간

설탕 (1), 간장 (1.5),
다진 마늘 (0.5), 참기름 (약간),
후춧가루 (약간)

냉면 육수

찬물 (4컵) + 식초 (½컵) + 설탕 (5) +
감칠맛 미원 (0.5)

【만드는 법】

1. 오이, 무는 얇게 채 썰고, 삶은 달걀은 2등분하고,
   돼지고기는 **밑간**하고,

2. **냉면 육수**는 설탕이 녹을 때까지 충분히 저어 냉동실에
   2시간 차게 두고,

3. 실곤약은 끓는 식촛물 (물4컵+식초1)에 넣어 1분간
   데치고,

4. 중간 불로 달군 팬에 돼지고기를 넣어 5분간 노릇하게
   굽고,

5. 그릇에 실곤약, 손질된 재료를 올린 뒤 육수를 붓고 구운
   돼지고기를 곁들여 마무리.

◈ 조리 TIP ◈

냉면 육수는 2시간 전에 얼려둬야 살얼음을 띄울 수 있어요.
실곤약을 데칠 때 식촛물을 사용하면 곤약 특유의 비린 맛을 제거할
수 있어요. 기호에 따라 식초, 연겨자를 추가해도 좋아요.

125

닭가슴살 주키니 파스타

〔필수 재료〕 2~3인분

주키니호박 (½개)

선택 재료
마늘 (3쪽), 닭가슴살 (150g),
파르메산 치즈가루 (2)

양념
올리브유 (2), 페페론치노 (2개),
감칠맛 미원 (0.3), 후춧가루 (약간)

〔만드는 법〕

1 주키니호박은 위아래 꼭지를 제거한 뒤 채칼을 이용해 세로 방향으로 길게 밀고,

2 마늘은 얇게 납작 썰고, 닭가슴살은 얇게 채 썰고,

3 중간 불로 달군 팬에 올리브유(2), 페페론치노, 마늘을 넣어 향을 낸 뒤 닭가슴살을 넣어 색이 날 때까지 노릇하게 볶고,

4 주키니호박을 넣어 3분간 볶다가 감칠맛 미원(0.3), 후춧가루로 간하고,

5 그릇에 담아 파르메산 치즈가루(2)를 뿌려 마무리.

조리 TIP

주키니호박을 손질할 때 채칼이 없다면 얇게 채 썰어주세요. 단, 채칼을 사용해 썬 것보다 가늘게 채 썰면 호박이 금세 숨이 죽을 수 있으니 너무 오래 볶지 않도록 주의하세요.

매콤양념 채소찜

〔필수 재료〕   2~3인분

브로콜리(50g), 연근(80g),
당근(¼개), 가지(1개)

양념

찹쌀가루(3), 감칠맛 미원(0.3),
후춧가루(약간)

양념장

고춧가루(2)+감칠맛 미원(0.3)+
설탕(1)+식초(1)+올리고당(0.5)+
다진 마늘(1)+다진 파(1)+
참기름(약간)

〔만드는 법〕

1 브로콜리는 한입 크기로 자르고, 연근, 당근은 껍질을
  벗겨 먹기 좋게 썰고, 가지는 어슷 썰고,

2 볼에 손질한 채소, 찹쌀가루(3), 감칠맛 미원(0.3),
  후춧가루, 물(1)을 넣어 버무리고,

3 찜기에 젖은 면포를 깔고 중간 불에서 10분간 찌고,

4 **양념장**을 만들고,

5 그릇에 채소찜을 담은 뒤 양념장을 곁들여 마무리.

◆ 조리 TIP ◆

찹쌀가루에 채소를 버무리면 씹을 때마다 고소한 맛이 두 배로
늘어나요. 찹쌀가루가 없다면 밀가루를 동량으로 넣어도 돼요.

토마토 버섯 샐러드

【필수 재료】   2~3인분

표고버섯(150g), 토마토(2개)

선택 재료
셀러리(1대), 고수(약간)

드레싱 재료
빨간 파프리카(½개),
감칠맛 미원(약간), 설탕(1.5), 물(5),
레몬즙(2), 까나리액젓(1), 다진
마늘(0.5)

【만드는 법】

1 표고버섯은 밑동을 제거해 4등분하고, 토마토는 같은 크기로 썰고, 셀러리는 섬유질을 제거해 어슷 썰고, 고수는 한입 크기로 썰고,

2 파프리카는 씨와 꼭지를 제거한 뒤 나머지 **드레싱 재료**와 믹서에 넣어 곱게 갈고,

3 볼에 표고버섯과 물(4)을 담은 뒤 랩을 반만 씌워 전자레인지에 1분 30초 돌려 한 김 식히고,

4 손질한 채소와 버섯, 고수를 그릇에 담고 드레싱을 뿌려 마무리.

◆ 조리 TIP ◆

고수 향이 부담스럽다면 쪽파를 송송 썰어 넣어도 좋아요.
파프리카는 불에 살짝 구워 표면을 태운 뒤 껍질을 벗겨 사용하면 드레싱의 단맛이 더 올라가요.
양파는 물에 담가 매운맛을 제거한 뒤 사용해주세요.

알배추 조갯살 타파스

【필수 재료】 2~3인분

조갯살(50g), 양파(¼개),
부추(20g), 알배추(½개)

선택 재료

홍고추(1개)

소스

감칠맛 미원(0.3)+설탕(1)+
레몬즙(2)+간장(1)+멸치액젓(1)+
다진 마늘(0.3)+고춧기름(0.5)

【만드는 법】

1 조갯살은 끓는 물(3컵)에 넣어 4분간 데친 뒤
  체로 건져 한 김 식히고,

2 양파는 굵게 다지고, 부추는 3cm 길이로 썰고,
  홍고추는 송송 썰고,

3 소스에 채소와 조갯살을 넣어 버무리고,

4 알배추 위에 조갯살무침을 올려 마무리.

◈ 조리 TIP ◈

조갯살을 오래 삶으면 식감이 질겨질 수 있으니 시간을 잘 지켜
데쳐주세요. 조갯살 대신 알새우를 사용해도 좋아요. 기호에 따라
날치알을 올려도 맛있어요.

참깨 흑임자 칼국수 샐러드

[필수 재료]   2~3인분

양상추(5장), 방울토마토(5개),
느타리버섯(50g), 칼국수(150g)

선택 재료

아몬드 슬라이스(2),
어린잎채소(약간)

드레싱

캐슈넛(2)+참깨(3)+흑임자(2)+
갑칠맛 미원(0.5)+식초(2)+
간장(1)+두유(1컵)+요거트(2)+
꿀(1)

[만드는 법]

1 믹서에 **드레싱** 재료를 모두 넣어 갈고,

2 양상추는 먹기 좋게 뜯고, 방울토마토는 2등분하고,
   느타리버섯은 밑동을 잘라 낱낱이 가르고,

3 끓는 물(4컵)에 느타리버섯을 3분간 데치고,
   같은 물에 칼국수도 5분간 데쳐 건지고,

4 그릇에 양상추, 칼국수, 느타리버섯, 어린잎채소,
   방울토마토 순으로 올리고,

5 아몬드 슬라이스(2)와 드레싱을 뿌려 마무리.

◆ 조리 TIP ◆

데친 면을 얼음물에 담가두면 면발이 탱탱해져 식감이 더욱
좋아져요. 칼국수면 대신 소면을, 두유 대신 우유를 사용해도
좋아요. 드레싱은 먹기 직전 부어 버무려야 물이 생기지 않아요.

파트 5

달콤해서 아 맛나요

식후 땡, 디저트

커스터드 시리얼 토스트

【 필수 재료 】 2~3인분

달걀(4개), 우유(1컵),
시리얼(1컵), 식빵(3개)

양념

감칠맛 미원(0.3), 설탕(1),
소금(약간), 버터(2)

커스터드 크림 재료

달걀노른자(3개), 설탕(50g),
중력분(25g), 우유(250㎖)

【 만드는 법 】

1 달걀을 푼 뒤 우유, 감칠맛 미원(0.3), 설탕(1),
   소금을 넣어 섞고,

2 비닐백에 시리얼을 넣어 밀대로 잘게 부수고,

3 식빵은 2등분해 달걀물에 적신 뒤 시리얼을 고루
   묻히고,

4 약한 불로 달군 팬에 버터(2)를 녹인 뒤 식빵을 올려
   앞뒤로 4~5분간 굽고,

5 볼에 **커스터드 크림 재료**를 넣어 섞은 뒤 랩을 씌워
   전자레인지에 2분 30초간 돌리고,

6 전자레인지에서 꺼내 거품기로 섞고 다시 랩을 씌워
   2분간 돌려 고루 섞은 뒤 한 김 식히고,

7 그릇에 구운 시리얼 토스트를 담고 커스터드 크림을
   올려 마무리.

◆ 조리 TIP ◆

시리얼이 타기 쉬우니 약한 불에서 뚜껑을 덮어 익혀주세요.
커스터드 크림을 전자레인지에서 바로 꺼내 사용할 경우
묽을 수 있으니 꼭 한 김 식힌 뒤 거품기로 섞어주어 되직하게
만들어주세요.

캐러멜 크래커

【 필수 재료 】   2~3인분

대파(10cm), 크래커(16개),
밀크캐러멜(8개)

양념

버터(2), 감칠맛 미원(0.3),
소금(0.2)

【 만드는 법 】

1 대파는 굵게 다지고,

2 중간 불로 달군 팬에 버터(2)를 녹인 뒤 대파를 넣어
    20초간 볶고,

3 크래커, 감칠맛 미원(0.3), 소금(0.2)을 넣어 2분간
    가볍게 볶고,

4 내열 그릇에 볶은 크래커(½분량)를 펼친 뒤
    밀크캐러멜을 올리고,

5 전자레인지에 넣어 45초간 돌리고,

6 캐러멜이 살짝 퍼지면 나머지 크래커로 덮어 마무리.

◆ 조리 TIP ◆

크래커를 오래 볶으면 부서지고 눅눅해질 수 있으니 양념만
묻을 정도로 가볍게 볶아주세요. 만든 뒤 시간이 지나 캐러멜이
딱딱해졌다면 전자레인지에 20초간 돌려주세요.

캐러멜 식빵팝콘

【필수 재료】   2~3인분

식빵(3장), 생크림(1¼컵)

양념
설탕(8), 감칠맛 미원(0.3),
소금(약간)

【만드는 법】

1 식빵은 사방 1.5cm 크기로 썰고,

2 중간 불로 달군 마른 팬에 식빵을 넣어 모든 면을
  노릇하게 구워 꺼낸 뒤 한 김 식히고,

3 약한 불로 달군 팬에 설탕(8), 감칠맛 미원(0.3),
  물(4)을 넣어 연한 갈색이 될 때까지 끓이고,

4 생크림을 나누어 넣은 뒤 걸쭉해질 때까지 졸여
  한 김 식히고,

5 식빵을 넣어 고루 버무리고,

6 그릇에 담고 소금을 뿌려 마무리.

조리 TIP

차가운 생크림을 넣으면 섞이지 않고 분리될 수 있으니
전자레인지에 40초간 돌려 섞거나 1~2분간 끓여 넣어주세요.
설탕을 녹일 때 휘젓게 되면 설탕 결정이 생길 수 있으니 젓지 말고
약한 불에서 끓여주세요.

대파치즈 스콘

【 필수 재료 】 2~3인분

대파(1대), 양파(¼개),
베이컨(2줄), 체더치즈(5장)

선택 재료

블랙올리브(3개)

스콘 반죽 재료

박력분(3컵), 베이킹파우더(0.7),
베이킹소다(0.3), 설탕(½컵),
소금(0.3), 버터(113g),
플레인 요거트(½컵=50g),
우유(25g), 달걀(1개)

양념

감칠맛 미원(0.3), 후춧가루(약간)

【 만드는 법 】

1 대파는 송송 썰고, 양파와 베이컨, 체더치즈는 잘게
   다지고, 블랙올리브는 모양대로 썰고,

2 중간 불로 달군 팬에 식용유(2)를 둘러 손질한 재료를
   3분간 볶아 꺼내 한 김 식히고,

3 박력분, 베이킹파우더(0.7), 베이킹소다(0.3)는 체에
   곱게 내린 뒤 설탕, 소금(0.3)을 넣어 고루 섞고,

4 버터를 넣고 주걱을 세워 자르듯이 섞은 뒤
   플레인 요거트, 우유, 달걀을 넣어 마른 가루가
   안 보일 정도로만 반죽하고,

5 반죽에 볶아 식힌 재료와 **양념**을 넣어 고루 섞어 한
   덩어리로 뭉치고,

6 반죽을 비닐백에 담아 냉장실에서 1시간 숙성하고,

7 냉장실에서 꺼내 5cm 두께로 납작하게 밀어 삼각형
   모양으로 6~8등분하고,

8 오븐 팬에 얹어 180℃로 예열한 오븐에서 20분간
   구워 마무리.

◈ 조리 TIP ◈

반죽은 숙성 후 손이 많이 닿지 않는 게 좋으니 숙성하기 전, 표면을
매끄럽게 만들어주세요. 시간적 여유가 있다면 하루 정도 숙성하면
좋아요. 스콘은 굽기 전 윗면에 달걀물을 얇게 바르면 색상이
예쁘게 나온답니다.

옥수수 빙수

【필수 재료】　　2~3인분

우유(2⅓컵), 통조림 옥수수(1컵)

양념
감칠맛 미원(0.3), 설탕(2),
소금(0.3), 연유(3)

【만드는 법】

1 얼음 틀에 우유를 부어 냉동실에서 4시간 이상 얼리고,

2 약한 불로 달군 팬에 옥수수와 **양념**을 넣어 고루 섞은 뒤
　 물기가 없을 정도로 조려 한 김 식히고,

3 얼린 우유 얼음을 꺼내 비닐백에 담아
　 밀대로 부숴 그릇에 담고,

4 옥수수조림을 올려 마무리.

◆ **조리 TIP** ◆

옥수수를 조린 뒤 완전히 식혀 올려야 빙수의 얼음이 녹지 않아요.
통조림 옥수수 대신 삶은 옥수수를 사용할 경우 설탕과 연유의 양을
조금씩 늘려 조리하세요.

갈릭버터 러스크

【필수 재료】 2~3인분

식빵(4장)

갈릭 버터

녹인 버터(6), 감칠맛 미원(0.3),
소금(0.2), 설탕(0.7),
다진 마늘(3), 파슬리가루(약간)

【만드는 법】

1 식빵은 길게 4등분하고,

2 **갈릭 버터** 재료를 고루 섞고,

3 식빵 윗면에 갈릭 버터를 골고루 발라 오븐 팬에 올리고,

4 170℃로 예열한 오븐에 7분간 구워 마무리.

◆ 조리 TIP ◆

버터는 전자레인지에 30초간 돌려 녹인 상태로 만들어 사용해요.
오븐이 없다면 식빵을 마른 팬에 올려 약한 불에서 앞뒤로 바삭해질
때까지 굽고, 갈릭 버터를 발라 조금 더 구워주세요.

토마토 빙수

【 필수 재료 】   2~3인분

방울토마토(12개), 우유(3컵),
사이다(1컵), 바질(½줌)

양념

연유(5), 감칠맛 미원(0.3),
으깬 통후추(0.5)

【 만드는 법 】

1 방울토마토(3개)는 꼭지를 제거해 4등분하고,

2 우유와 사이다, 연유(3)를 섞어 비닐백에 넣어
　냉동실에서 5시간 얼리고,

3 나머지 방울토마토는 꼭지를 제거해 믹서에 곱게 간 뒤
　체에 밭쳐 맑은 토마토즙만 거르고,

4 토마토즙, 감칠맛 미원(0.3), 연유(2)를 섞어 냉동실에
　30분간 차갑게 두어 퓌레를 만들고,

5 우유 얼음을 냉동실에서 꺼내 밀대로 부숴
　그릇에 담고,

6 토마토 퓌레를 뿌리고 4등분한 방울토마토, 바질,
　으깬 통후추(0.5)를 올려 마무리.

◆ 조리 TIP ◆

토마토즙을 체에 밭쳐 껍질을 제거하면 부드러운 토마토 빙수를
맛볼 수 있어요. 우유는 비닐백에 넣고 밀봉을 잘한 뒤 최대한
납작하게 얼려 두어야 밀대로 부수기 쉬워요.

김쿠키 파르페

【필수 재료】　　2~3인분

키위(2개), 바나나(½개),
블루베리(30g),
요거트(2컵=200g),
바닐라 아이스크림(80g)

김쿠키 재료

돌김(3장), 버터(70g),
슈가파우더(45g), 소금(약간),
감칠맛 미원(0.3), 달걀물(½개),
박력분(110g), 베이킹파우더(2g)

선택 재료

아몬드 슬라이스(25g)

【만드는 법】

1 약한 불로 달군 마른 팬에 김을 앞뒤로 살짝 구운 뒤
　비닐백에 넣어 잘게 부수고,

2 볼에 버터, 슈가파우더, 소금, 감칠맛 미원(0.3)을 넣어
　거품기로 미색이 될 때까지 섞다가 달걀물을
　2회에 나눠 넣어 섞고,

3 박력분, 베이킹파우더를 체에 내려 주걱으로 가볍게
　섞고,

4 잘게 부순 김, 아몬드 슬라이스를 넣어 고루 섞은 뒤
　종이포일로 감싸 30분간 냉동 보관하고,

5 오븐 팬에 종이포일을 깐 뒤 반죽을 꺼내 0.5cm 두께로
　썰어 팬에 올리고,

6 180℃로 예열한 오븐에 넣어 15분간 구워 꺼내
　한 김 식혀 절반은 먹기 좋게 부수고,

7 키위, 바나나는 한입 크기로 썰고, 블루베리는 흐르는
　물에 깨끗이 씻고,

8 컵에 요거트를 담고 부순 김쿠키 → 손질한 과일 →
　바닐라 아이스크림 → 김쿠키를 올려 마무리.

◆ 조리 TIP ◆

달걀물을 한 번에 넣게 되면 반죽이 분리될 수 있으니 2회에 걸쳐
섞어주세요. 하루 전날 김쿠키 반죽을 만들어 냉동 보관한 뒤
구우면 더 바삭하게 맛볼 수 있어요.

미원 니우스

★★★★
미원 늬우스~
★★★★

> 우리 집 찬장 속 늘 한 켠을 차지하고 있는 미원은
> 소금, 설탕만큼이나 자주 사용하는 대표 양념이죠.
>
> 하얗고 고운 가루 한 꼬집만으로도 얼마나 깊고 진한
> 감칠맛을 내주는지! 마성의 매력으로 입맛을 사로잡아
> 먹는 즐거움을 배로 더해준답니다.
>
> 먹는 행복을 일깨워주는 미원, 길고 긴 역사만큼이나
> 우리가 미처 알지 못했던 미원의 숨겨진 스토리,
>
> 지금 공개합니다.

들어는 봤니? 매직 파우더

엄마 손맛의 비밀. 식탁 위 마법의 가루라 불리는 맛내기 양념의 대표주자 미원이에요. 한 꼬집만으로 설탕, 소금의 양을 확 줄이고 깊은 감칠맛을 살리는 요리계의 일등 공신! 60년이라는 짧지 않은 시간 동안 그 명성을 굳건히 지키고 있는 미원의 감동 실화를 만나볼게요.

"입으로 지키는 애국심"

해방 직후에도 식탁에서 떠날 줄 몰랐던 일본산 조미료. 생활 곳곳에 스리슬쩍 스며든 일본의 문물 중에서도 매일 먹는 집밥에 사용되는 일본산 조미료를 밀어내기 위해 故임대홍 회장님은 국산 조미료를 만들기 시작했어요. 그 당시 쌀값보다 비쌌던 일본산 조미료 대신, 우리나라 입맛에 맞춘 조미료 개발을 위해 오랜 연구끝에 제조 공법에 성공! 1956년 1월 부산에 조그마한 조미료 공장을 세우게 되는데 그곳이 최초의 <미원>이자 국산 조미료의 시작이었어요.

"지금은 웃지만 그때는 피눈물 흘렸던 뱀가루 루우머"

미원의 감칠맛 원천이 뱀가루라고? 한 꼬집만으로 감칠맛을 내기 때문에 뱀가루를 섞었다는 말도 안 되는 헛소문이 돌았어요. 비싼 일본 조미료 때문에 사치품이라 여겨지던 미원은 제품 출시와 함께 이렇게 웃픈 해프닝이 발생하기도 했답니다. 이 때문에 신문과 잡지에 해명 기사를 내고, 여고 졸업반 학생들에게 해명서와 더불어 미원 샘플을 보냈다는 다소 황당한 사건도 있었어요.

미원 자체의 감칠맛이, 그리고 미원을 넣은 음식이 너무너무 맛있어서 벌어진 일! 우리에게 너무나 친숙한 미원에게 이런 흑역사가 있었다니 참 재밌는 에피소드네요.

변함없이 미원

> " 일관성이 거의
> 뿌리 깊은 소나무급 "

1956년부터 판매된 미원의 로고가 현재의 로고와
거의 흡사하다는 것을 알 수 있어요.

신선로는 비주얼부터 맛까지 한식 중에서 가장 호화로운
국물 요리의 일종이에요. 한식 상차림에서 절대 빠질 수 없는
국물 요리는 깊은 감칠맛이 필요한 메뉴죠.

이런 감칠맛을 채워주는 미원을 형상화한 로고라고 볼 수
있어요. 미원의 얼굴인 이 신선로의 로고가 큰 변화 없이
지켜진 만큼 미원 또한 그 맛과 영양을 변치 않고 초심
그대로 담아내고 있답니다.

마치 뿌리 깊은 나무처럼 브랜드의 단단한 자부심이
느껴지네요.

고오급졌던 미원의 과거

조미료 자체가 일부 특수계층에서 사용했던 사치품이라고
여겨지던 시절. 명절이나 특별한 날 주고받던 선물 세트로
인기를 누렸어요. 고급스러운 틴케이스에 담겨 선물용
패키지로 판매되었죠. 현대로 넘어오면서 매일매일 편하게
쓸 수 있는 오늘날의 패키지로 탈바꿈하였답니다.

미원 맛보기

MSG가 무엇? 맛소금...? ""

M Masi (맛이)
....
S So~~~ (쏘~~~)
....
G Good! (굿)

조미료를 말할때 나오는 MSG는 무엇을 의미하는 약자일까요? [M mono: 하나의, S sodium: 소금 분자를 가진, G glutamate: 글루탐산]으로 '글루탐산'이 감칠맛의 원인이죠!

글루탐산은 된장, 표고버섯, 조개, 다시마에도 들어 있는 MSG의 주된 성분이에요. 특히 미원은 사탕수수를 발효해 얻은 자연성분이에요. MSG라는 화학물질 냄새 가득한 이름 탓에 막연히 몸에 안 좋다는 편견으로 사용을 꺼리지만, 알고 보면 소금보다 약 40배는 안전한 천연 식재료랍니다.

" 살려줘서 고맙소~ 살려줘서 고맙닭!"

소 1마리, 닭 100마리를 삶아야 겨우 얻을 수 있는 감칠맛 1g. 그 깊은 맛을 내기 위해서는 뜨거운 불 앞에서 오랜 시간 고아야 해요. 하지만 미원 한 꼬집 만으로 소와 닭을 살리고 번거로운 조리과정을 좀 더 심플하게 만들 수 있어요.

그동안 요리할 때 감칠맛을 위해 소금부터 넣던 습관을 이참에 바꿔보세요. 입맛을 사로잡는 감칠맛 덕에 짠맛을 내는 소금 사용량은 줄고 진한 풍미는 배로 업그레이드 된답니다. 일석이조로 똑똑하게 자기 몫을 제대로 해내는 미원. 역시 오랫동안 사랑받는 우리나라 대표 조미료답네요.

이상 미원 늬우스였습니다!

나는오늘
#미원으로
#닭100마리
를 살렸다

미원
味元

인덱스

인덱스

이밥차 요리연구소

손쉽게 밥숟가락으로 계량해
여러분의 일상을 더욱 맛있게 만드는 이밥차.
100% 맛보장·초간단·활용 만점 레시피를
연구하는 이밥차와
한 꼬집으로 깊은 감칠맛을 선사하는
미원이 함께 <미원식당>을 선보입니다.

혼밥족을 위한 한 끼 식사와 안주,
요리에 이제 막 입문한 초보,
진한 맛 내기 어려웠던 분들에게
강력하게 추천하는
미원×이밥차의 특별한 레시피.

거기서 거기인 메뉴,
매일 시켜 먹는 메뉴에 지쳤다면
누군가에겐 추억을 선물하고,
누군가에겐 신선한 즐거움을 가져다주는
한 끼를 <미원식당>에서 만나보세요.

대중적인 재료로만,
요리 초보자의 어깨를 으쓱하게 할
친절하고 상세한 감칠맛 레시피로만 엄선했어요.

믿고 맛보는 미원×이밥차의 <미원식당>에서
슬기로운 요리 생활을 시작해보세요.